BEI GRIN MACHT SICH IHR WISSEN BEZAHLT

- Wir veröffentlichen Ihre Hausarbeit, Bachelor- und Masterarbeit

- Ihr eigenes eBook und Buch - weltweit in allen wichtigen Shops

- Verdienen Sie an jedem Verkauf

Jetzt bei www.GRIN.com hochladen und kostenlos publizieren

Wolfgang Göbels

Kreuzzahlrätsel zu natürlichen und römischen Zahlen

Intensives Rechentraining mit Selbstkontrolle

GRIN Verlag

Bibliografische Information der Deutschen Nationalbibliothek:

Die Deutsche Bibliothek verzeichnet diese Publikation in der Deutschen Nationalbibliografie; detaillierte bibliografische Daten sind im Internet über http://dnb.d-nb.de/ abrufbar.

Dieses Werk sowie alle darin enthaltenen einzelnen Beiträge und Abbildungen sind urheberrechtlich geschützt. Jede Verwertung, die nicht ausdrücklich vom Urheberrechtsschutz zugelassen ist, bedarf der vorherigen Zustimmung des Verlages. Das gilt insbesondere für Vervielfältigungen, Bearbeitungen, Übersetzungen, Mikroverfilmungen, Auswertungen durch Datenbanken und für die Einspeicherung und Verarbeitung in elektronische Systeme. Alle Rechte, auch die des auszugsweisen Nachdrucks, der fotomechanischen Wiedergabe (einschließlich Mikrokopie) sowie der Auswertung durch Datenbanken oder ähnliche Einrichtungen, vorbehalten.

Impressum:

Copyright © 2011 GRIN Verlag GmbH
Druck und Bindung: Books on Demand GmbH, Norderstedt Germany
ISBN: 978-3-656-06060-4

Dieses Buch bei GRIN:

http://www.grin.com/de/e-book/181829/kreuzzahlraetsel-zu-natuerlichen-und-roemischen-zahlen

GRIN - Your knowledge has value

Der GRIN Verlag publiziert seit 1998 wissenschaftliche Arbeiten von Studenten, Hochschullehrern und anderen Akademikern als eBook und gedrucktes Buch. Die Verlagswebsite www.grin.com ist die ideale Plattform zur Veröffentlichung von Hausarbeiten, Abschlussarbeiten, wissenschaftlichen Aufsätzen, Dissertationen und Fachbüchern.

Besuchen Sie uns im Internet:

http://www.grin.com/

http://www.facebook.com/grincom

http://www.twitter.com/grin_com

Wolfgang Göbels

Kreuzzahlrätsel zu natürlichen und römischen Zahlen

Intensives Rechentraining mit Selbstkontrolle

Dieses Buch enthält insgesamt 18 sofort einsetzbare Arbeitsblätter mit angehängten Lösungen zum Addieren und Subtrahieren natürlicher Zahlen sowie zu römischen Zahlen, eingekleidet in Form von selbsterklärenden Kreuzzahlrätseln. Es handelt sich um drei verschiedene Typen von Rätseln mit je sechs verschiedenen Zahlenbelegungen. Somit können Sie beispielsweise Ihre Lerngruppe in bis zu sechs Arbeitsgruppen aufteilen.

Die Arbeitsblätter bieten Ihnen als Lehrkraft enorme Entlastung und Zeitersparnis, da sie für das selbsttätige Lernen konzipiert sind und vollständige Selbstkontrolle ermöglichen. Die Verpackung als Rätsel vermittelt Ihren Schülerinnen und Schülern höchstmögliche Motivation.

Viel Spaß und gute Unterrichtserfolge beim Einsatz dieser innovativen Arbeitsblätter wünschen Ihnen Autor und Verlag!

A1	156	+	710	=	866
B1	6423	-	5934	=	
C1	9549	-	9089	=	
D1	512	+	267	=	
A2	3213	-	2666	=	
B2	8635	-	7943	=	
C2	9662	-	8941	=	
D2	3881	-	3247	=	
A3	6831	-	6168	=	
B3	5289	-	4713	=	
C3	3435	-	2830	=	
D3	333	+	417	=	
A4	8323	-	7805	=	
B4	2158	-	1321	=	
C4	4226	-	3418	=	
D4	4968	-	4537	=	

Wenn du richtig gerechnet hast, haben alle waagerechten, senkrechten und diagonalen Reihen jeweils dieselbe Summe.

Diese Summe heißt magische Zahl und lautet: 2594

	A	B	C	D
1	866			
2				
3				
4				

Lösung:

A1	156	+	710	=	866
B1	6423	-	5934	=	489
C1	9549	-	9089	=	460
D1	512	+	267	=	779
A2	3213	-	2666	=	547
B2	8635	-	7943	=	692
C2	9662	-	8941	=	721
D2	3881	-	3247	=	634
A3	6831	-	6168	=	663
B3	5289	-	4713	=	576
C3	3435	-	2830	=	605
D3	333	+	417	=	750
A4	8323	-	7805	=	518
B4	2158	-	1321	=	837
C4	4226	-	3418	=	808
D4	4968	-	4537	=	431

	A	B	C	D
1	866	489	460	779
2	547	692	721	634
3	663	576	605	750
4	518	837	808	431

Magische Zahl = 2594

A1	5795	−	5078	=	717
B1	9537	−	9158	=	
C1	3886	−	3533	=	
D1	2639	−	2000	=	
A2	3388	−	2957	=	
B2	7300	−	6739	=	
C2	7818	−	7231	=	
D2	1583	−	1074	=	
A3	90	+	445	=	
B3	529	−	72	=	
C3	7778	−	7295	=	
D3	5551	−	4938	=	
A4	1836	−	1431	=	
B4	172	+	519	=	
C4	9844	−	9179	=	
D4	204	+	123	=	

Wenn du richtig gerechnet hast, haben alle waagerechten, senkrechten und diagonalen Reihen jeweils dieselbe Summe.

Diese Summe heißt magische Zahl und lautet: **2088**

	A	B	C	D
1	717			
2				
3				
4				

Lösung:

A1	5795	-	5078	=	717
B1	9537	-	9158	=	379
C1	3886	-	3533	=	353
D1	2639	-	2000	=	639
A2	3388	-	2957	=	431
B2	7300	-	6739	=	561
C2	7818	-	7231	=	587
D2	1583	-	1074	=	509
A3	90	+	445	=	535
B3	529	-	72	=	457
C3	7778	-	7295	=	483
D3	5551	-	4938	=	613
A4	1836	-	1431	=	405
B4	172	+	519	=	691
C4	9844	-	9179	=	665
D4	204	+	123	=	327

	A	B	C	D
1	717	379	353	639
2	431	561	587	509
3	535	457	483	613
4	405	691	665	327

Magische Zahl = 2088

A1	4858	−	3963	=	895
B1	57	+	448	=	
C1	4697	−	4222	=	
D1	9106	−	8301	=	
A2	7933	−	7368	=	
B2	8106	−	7391	=	
C2	554	+	191	=	
D2	8009	−	7354	=	
A3	452	+	233	=	
B3	3265	−	2670	=	
C3	6660	−	6035	=	
D3	9074	−	8299	=	
A4	6871	−	6336	=	
B4	709	+	156	=	
C4	3915	−	3080	=	
D4	7335	−	6890	=	

Wenn du richtig gerechnet hast, haben alle waagerechten, senkrechten und diagonalen Reihen jeweils dieselbe Summe.

Diese Summe heißt magische Zahl und lautet: 2680

	A	B	C	D
1	895			
2				
3				
4				

Lösung:

A1	4858	-	3963	=	895
B1	57	+	448	=	505
C1	4697	-	4222	=	475
D1	9106	-	8301	=	805
A2	7933	-	7368	=	565
B2	8106	-	7391	=	715
C2	554	+	191	=	745
D2	8009	-	7354	=	655
A3	452	+	233	=	685
B3	3265	-	2670	=	595
C3	6660	-	6035	=	625
D3	9074	-	8299	=	775
A4	6871	-	6336	=	535
B4	709	+	156	=	865
C4	3915	-	3080	=	835
D4	7335	-	6890	=	445

	A	B	C	D
1	895	505	475	805
2	565	715	745	655
3	685	595	625	775
4	535	865	835	445

Magische Zahl = 2680

A1	7079	−	6404	=	675
B1	9276	−	9004	=	
C1	9453	−	9212	=	
D1	5154	−	4572	=	
A2	1037	−	703	=	
B2	6515	−	6026	=	
C2	175	+	345	=	
D2	292	+	135	=	
A3	7402	−	6944	=	
B3	7473	−	7108	=	
C3	7294	−	6898	=	
D3	5711	−	5160	=	
A4	5123	−	4820	=	
B4	9509	−	8865	=	
C4	18	+	595	=	
D4	5114	−	4904	=	

Wenn du richtig gerechnet hast, haben alle waagerechten, senkrechten und diagonalen Reihen jeweils dieselbe Summe.

Diese Summe heißt magische Zahl und lautet: **1770**

	A	B	C	D
1	675			
2				
3				
4				

Lösung:

A1	7079	-	6404	=	675
B1	9276	-	9004	=	272
C1	9453	-	9212	=	241
D1	5154	-	4572	=	582
A2	1037	-	703	=	334
B2	6515	-	6026	=	489
C2	175	+	345	=	520
D2	292	+	135	=	427
A3	7402	-	6944	=	458
B3	7473	-	7108	=	365
C3	7294	-	6898	=	396
D3	5711	-	5160	=	551
A4	5123	-	4820	=	303
B4	9509	-	8865	=	644
C4	18	+	595	=	613
D4	5114	-	4904	=	210

	A	B	C	D
1	675	272	241	582
2	334	489	520	427
3	458	365	396	551
4	303	644	613	210

Magische Zahl = 1770

A1	70	+	590	=	660
B1	3640	-	3383	=	
C1	5489	-	5263	=	
D1	4816	-	4249	=	
A2	8603	-	8284	=	
B2	8679	-	8205	=	
C2	4315	-	3810	=	
D2	3648	-	3236	=	
A3	1881	-	1438	=	
B3	7187	-	6837	=	
C3	90	+	291	=	
D3	1980	-	1444	=	
A4	7632	-	7344	=	
B4	1863	-	1234	=	
C4	297	+	301	=	
D4	6946	-	6751	=	

Wenn du richtig gerechnet hast, haben alle waagerechten, senkrechten und diagonalen Reihen jeweils dieselbe Summe.

Diese Summe heißt magische Zahl und lautet: **1710**

	A	B	C	D
1	660			
2				
3				
4				

Lösung:

A1	70	+	590	=	660
B1	3640	-	3383	=	257
C1	5489	-	5263	=	226
D1	4816	-	4249	=	567
A2	8603	-	8284	=	319
B2	8679	-	8205	=	474
C2	4315	-	3810	=	505
D2	3648	-	3236	=	412
A3	1881	-	1438	=	443
B3	7187	-	6837	=	350
C3	90	+	291	=	381
D3	1980	-	1444	=	536
A4	7632	-	7344	=	288
B4	1863	-	1234	=	629
C4	297	+	301	=	598
D4	6946	-	6751	=	195

	A	B	C	D
1	660	257	226	567
2	319	474	505	412
3	443	350	381	536
4	288	629	598	195

Magische Zahl = 1710

A1	4746	-	3788	=	958
B1	9395	-	8840	=	
C1	1835	-	1311	=	
D1	687	+	178	=	
A2	7160	-	6543	=	
B2	225	+	547	=	
C2	6359	-	5556	=	
D2	8653	-	7943	=	
A3	5207	-	4466	=	
B3	6148	-	5500	=	
C3	3992	-	3313	=	
D3	820	+	14	=	
A4	8060	-	7474	=	
B4	5987	-	5060	=	
C4	4400	-	3504	=	
D4	3919	-	3426	=	

Wenn du richtig gerechnet hast, haben alle waagerechten, senkrechten und diagonalen Reihen jeweils dieselbe Summe.

Diese Summe heißt magische Zahl und lautet: 2902

	A	B	C	D
1	958			
2				
3				
4				

Lösung:

A1	4746	-	3788	=	958
B1	9395	-	8840	=	555
C1	1835	-	1311	=	524
D1	687	+	178	=	865
A2	7160	-	6543	=	617
B2	225	+	547	=	772
C2	6359	-	5556	=	803
D2	8653	-	7943	=	710
A3	5207	-	4466	=	741
B3	6148	-	5500	=	648
C3	3992	-	3313	=	679
D3	820	+	14	=	834
A4	8060	-	7474	=	586
B4	5987	-	5060	=	927
C4	4400	-	3504	=	896
D4	3919	-	3426	=	493

	A	B	C	D
1	958	555	524	865
2	617	772	803	710
3	741	648	679	834
4	586	927	896	493

Magische Zahl = 2902

Wenn du richtig gerechnet hast, haben alle waagerechten, senkrechten und diagonalen Reihen jeweils dieselbe Summe. Diese Summe heißt magische Zahl und ist jeweils rechts neben dem jeweiligen Quadrat angegeben.

Beispiel: 615   -   (155   +   211   +   83   +   139   )
=   615   -   588   =   27

155	211		83	139
203	59		131	147
99	115		187	43
107	163		35	91

615

354	494		174	314
474	114		294	334
214	254		434	74
234	374		54	194

1370

187	257		97	167
247	67		157	177
117	137		227	47
127	197		37	107

735

19	26		10	17
25	7		16	18
12	14		23	5
13	20		4	11

75

179	249		89	159
239	59		149	169
109	129		219	39
119	189		29	99

695

188	265		89	166
254	56		155	177
111	133		232	34
122	199		23	100

720

113	155		59	101
149	41		95	107
71	83		137	29
77	119		23	65

445

61	82		34	55
79	25		52	58
40	46		73	19
43	64		16	37

245

Lösungen:

155	211	27	83	139
203	59	75	131	147
51	67	123	179	195
99	115	171	187	43
107	163	219	35	91

615

354	494	34	174	314
474	114	154	294	334
94	134	274	414	454
214	254	394	434	74
234	374	514	54	194

1370

187	257	27	97	167
247	67	87	157	177
57	77	147	217	237
117	137	207	227	47
127	197	267	37	107

735

19	26	3	10	17
25	7	9	16	18
6	8	15	22	24
12	14	21	23	5
13	20	27	4	11

75

179	249	19	89	159
239	59	79	149	169
49	69	139	209	229
109	129	199	219	39
119	189	259	29	99

695

188	265	12	89	166
254	56	78	155	177
45	67	144	221	243
111	133	210	232	34
122	199	276	23	100

720

113	155	17	59	101
149	41	53	95	107
35	47	89	131	143
71	83	125	137	29
77	119	161	23	65

445

61	82	13	34	55
79	25	31	52	58
22	28	49	70	76
40	46	67	73	19
43	64	85	16	37

245

Wenn du richtig gerechnet hast, haben alle waagerechten, senkrechten und diagonalen Reihen jeweils dieselbe Summe. Diese Summe heißt magische Zahl und ist jeweils rechts neben dem jeweiligen Quadrat angegeben.

Beispiel: 1245 - (325 + 458 + 154 + 287)
         = 1245 - 1224 = 21

325	458		154	287	
439	97		268	306	
					1245
192	230		401	59	
211	344		40	173	

137	186		74	123	
179	53		116	130	
					545
88	102		165	39	
95	144		32	81	

352	492		172	312	
472	112		292	332	
					1360
212	252		432	72	
232	372		52	192	

291	403		147	259	
387	99		243	275	
					1135
179	211		355	67	
195	307		51	163	

35	49		17	31	
47	11		29	33	
					135
21	25		43	7	
23	37		5	19	

290	402		146	258	
386	98		242	274	
					1130
178	210		354	66	
194	306		50	162	

330	463		159	292	
444	102		273	311	
					1270
197	235		406	64	
216	349		45	178	

35	42		26	33	
41	23		32	34	
					155
28	30		39	21	
29	36		20	27	

Lösungen:

325	458	21	154	287
439	97	135	268	306
78	116	249	382	420
192	230	363	401	59
211	344	477	40	173

1245

137	186	25	74	123
179	53	67	116	130
46	60	109	158	172
88	102	151	165	39
95	144	193	32	81

545

352	492	32	172	312
472	112	152	292	332
92	132	272	412	452
212	252	392	432	72
232	372	512	52	192

1360

291	403	35	147	259
387	99	131	243	275
83	115	227	339	371
179	211	323	355	67
195	307	419	51	163

1135

35	49	3	17	31
47	11	15	29	33
9	13	27	41	45
21	25	39	43	7
23	37	51	5	19

135

290	402	34	146	258
386	98	130	242	274
82	114	226	338	370
178	210	322	354	66
194	306	418	50	162

1130

330	463	26	159	292
444	102	140	273	311
83	121	254	387	425
197	235	368	406	64
216	349	482	45	178

1270

35	42	19	26	33
41	23	25	32	34
22	24	31	38	40
28	30	37	39	21
29	36	43	20	27

155

Wenn du richtig gerechnet hast, haben alle waagerechten, senkrechten und diagonalen Reihen jeweils dieselbe Summe. Diese Summe heißt magische Zahl und ist jeweils rechts neben dem jeweiligen Quadrat angegeben.

Beispiel: 1280 − (332 + 465 + 161 + 294)
       = 1280 − 1252 = 28

332	465		161	294
446	104		275	313
199	237		408	66
218	351		47	180

Magische Zahl: 1280

249	347		123	221
333	81		207	235
151	179		305	53
165	263		39	137

Magische Zahl: 965

291	403		147	259
387	99		243	275
179	211		355	67
195	307		51	163

Magische Zahl: 1135

240	338		114	212
324	72		198	226
142	170		296	44
156	254		30	128

Magische Zahl: 920

18	25		9	16
24	6		15	17
11	13		22	4
12	19		3	10

Magische Zahl: 70

116	158		62	104
152	44		98	110
74	86		140	32
80	122		26	68

Magische Zahl: 460

132	181		69	118
174	48		111	125
83	97		160	34
90	139		27	76

Magische Zahl: 520

143	199		71	127
191	47		119	135
87	103		175	31
95	151		23	79

Magische Zahl: 555

Lösungen:

332	465	28	161	294
446	104	142	275	313
85	123	256	389	427
199	237	370	408	66
218	351	484	47	180

1280

249	347	25	123	221
333	81	109	207	235
67	95	193	291	319
151	179	277	305	53
165	263	361	39	137

965

291	403	35	147	259
387	99	131	243	275
83	115	227	339	371
179	211	323	355	67
195	307	419	51	163

1135

240	338	16	114	212
324	72	100	198	226
58	86	184	282	310
142	170	268	296	44
156	254	352	30	128

920

18	25	2	9	16
24	6	8	15	17
5	7	14	21	23
11	13	20	22	4
12	19	26	3	10

70

116	158	20	62	104
152	44	56	98	110
38	50	92	134	146
74	86	128	140	32
80	122	164	26	68

460

132	181	20	69	118
174	48	62	111	125
41	55	104	153	167
83	97	146	160	34
90	139	188	27	76

520

143	199	15	71	127
191	47	63	119	135
39	55	111	167	183
87	103	159	175	31
95	151	207	23	79

555

Wenn du richtig gerechnet hast, haben alle waagerechten, senkrechten und diagonalen Reihen jeweils dieselbe Summe. Diese Summe heißt magische Zahl und ist jeweils rechts neben dem jeweiligen Quadrat angegeben.

Beispiel: 1245 − (321 + 447 + 159 + 285)
         = 1245 − 1212 = 33

321	447		159	285
429	105		267	303
195	231		393	69
213	339		51	177

1245

209	293		101	185
281	65		173	197
125	149		257	41
137	221		29	113

805

22	29		13	20
28	10		19	21
15	17		26	8
16	23		7	14

90

292	411		139	258
394	88		241	275
173	207		360	54
190	309		37	156

1120

37	44		28	35
43	25		34	36
30	32		41	23
31	38		22	29

165

125	174		62	111
167	41		104	118
76	90		153	27
83	132		20	69

485

342	482		162	302
462	102		282	322
202	242		422	62
222	362		42	182

1310

62	83		35	56
80	26		53	59
41	47		74	20
44	65		17	38

250

Lösungen:

321	447	33	159	285
429	105	141	267	303
87	123	249	375	411
195	231	357	393	69
213	339	465	51	177

1245

209	293	17	101	185
281	65	89	173	197
53	77	161	245	269
125	149	233	257	41
137	221	305	29	113

805

22	29	6	13	20
28	10	12	19	21
9	11	18	25	27
15	17	24	26	8
16	23	30	7	14

90

292	411	20	139	258
394	88	122	241	275
71	105	224	343	377
173	207	326	360	54
190	309	428	37	156

1120

37	44	21	28	35
43	25	27	34	36
24	26	33	40	42
30	32	39	41	23
31	38	45	22	29

165

125	174	13	62	111
167	41	55	104	118
34	48	97	146	160
76	90	139	153	27
83	132	181	20	69

485

342	482	22	162	302
462	102	142	282	322
82	122	262	402	442
202	242	382	422	62
222	362	502	42	182

1310

62	83	14	35	56
80	26	32	53	59
23	29	50	71	77
41	47	68	74	20
44	65	86	17	38

250

Wenn du richtig gerechnet hast, haben alle waagerechten, senkrechten und diagonalen Reihen jeweils dieselbe Summe. Diese Summe heißt magische Zahl und ist jeweils rechts neben dem jeweiligen Quadrat angegeben.

Beispiel: 165 - (41 + 55 + 23 + 37)
         = 165 - 156 = 9

Quadrat 1 (165):

41	55		23	37
53	17		35	39
27	31		49	13
29	43		11	25

Quadrat 2 (480):

124	173		61	110
166	40		103	117
75	89		152	26
82	131		19	68

Quadrat 3 (760):

196	273		97	174
262	64		163	185
119	141		240	42
130	207		31	108

Quadrat 4 (1060):

272	377		137	242
362	92		227	257
167	197		332	62
182	287		47	152

Quadrat 5 (1185):

305	424		152	271
407	101		254	288
186	220		373	67
203	322		50	169

Quadrat 6 (720):

184	254		94	164
244	64		154	174
114	134		224	44
124	194		34	104

Quadrat 7 (460):

116	158		62	104
152	44		98	110
74	86		140	32
80	122		26	68

Quadrat 8 (1355):

351	491		171	311
471	111		291	331
211	251		431	71
231	371		51	191

Lösungen:

41	55	9	23	37
53	17	21	35	39
15	19	33	47	51
27	31	45	49	13
29	43	57	11	25

165

124	173	12	61	110
166	40	54	103	117
33	47	96	145	159
75	89	138	152	26
82	131	180	19	68

480

196	273	20	97	174
262	64	86	163	185
53	75	152	229	251
119	141	218	240	42
130	207	284	31	108

760

272	377	32	137	242
362	92	122	227	257
77	107	212	317	347
167	197	302	332	62
182	287	392	47	152

1060

305	424	33	152	271
407	101	135	254	288
84	118	237	356	390
186	220	339	373	67
203	322	441	50	169

1185

184	254	24	94	164
244	64	84	154	174
54	74	144	214	234
114	134	204	224	44
124	194	264	34	104

720

116	158	20	62	104
152	44	56	98	110
38	50	92	134	146
74	86	128	140	32
80	122	164	26	68

460

351	491	31	171	311
471	111	151	291	331
91	131	271	411	451
211	251	391	431	71
231	371	511	51	191

1355

Wenn du richtig gerechnet hast, haben alle waagerechten, senkrechten und diagonalen Reihen jeweils dieselbe Summe. Diese Summe heißt magische Zahl und ist jeweils rechts neben dem jeweiligen Quadrat angegeben.

Beispiel: 815 - (207 + 284 + 108 + 185)
         = 815 - 784 = 31

Quadrat 1 (815)

207	284		108	185
273	75		174	196
130	152		251	53
141	218		42	119

Quadrat 2 (580)

148	204		76	132
196	52		124	140
92	108		180	36
100	156		28	84

Quadrat 3 (105)

25	32		16	23
31	13		22	24
18	20		29	11
19	26		10	17

Quadrat 4 (350)

86	114		50	78
110	38		74	82
58	66		102	30
62	90		26	54

Quadrat 5 (800)

208	292		100	184
280	64		172	196
124	148		256	40
136	220		28	112

Quadrat 6 (1320)

340	473		169	302
454	112		283	321
207	245		416	74
226	359		55	188

Quadrat 7 (545)

137	186		74	123
179	53		116	130
88	102		165	39
95	144		32	81

Quadrat 8 (420)

108	150		54	96
144	36		90	102
66	78		132	24
72	114		18	60

Lösungen:

207	284	31	108	185
273	75	97	174	196
64	86	163	240	262
130	152	229	251	53
141	218	295	42	119

815

148	204	20	76	132
196	52	68	124	140
44	60	116	172	188
92	108	164	180	36
100	156	212	28	84

580

25	32	9	16	23
31	13	15	22	24
12	14	21	28	30
18	20	27	29	11
19	26	33	10	17

105

86	114	22	50	78
110	38	46	74	82
34	42	70	98	106
58	66	94	102	30
62	90	118	26	54

350

208	292	16	100	184
280	64	88	172	196
52	76	160	244	268
124	148	232	256	40
136	220	304	28	112

800

340	473	36	169	302
454	112	150	283	321
93	131	264	397	435
207	245	378	416	74
226	359	492	55	188

1320

137	186	25	74	123
179	53	67	116	130
46	60	109	158	172
88	102	151	165	39
95	144	193	32	81

545

108	150	12	54	96
144	36	48	90	102
30	42	84	126	138
66	78	120	132	24
72	114	156	18	60

420

Römische Zahlen

Waagerecht:

A1	XXI
D1	CMXV
A2	MMMCXXVII
F2	XCIII
A3	CCLXXXI
E3	CLII
B4	MMCCLVI
C5	LIV
F5	LIX
A6	LXVIII
D6	DXXXIII
A7	CLII
E7	CCX

Senkrecht:

A1	CCXXXII
B1	MCLXXXII
D1	XCVII
F1	DXCV
C2	MMCXXV
G2	MMMCCLXXIX
E3	XVI
D4	DXLV
A5	CMLXI
F5	DXXXI
B6	LXXXV
E6	XXXII

Lösung:

	A	B	C	D	E	F	G
1	2	1		9	1	5	
2	3	1	2	7		9	3
3	2	8	1		1	5	2
4		2	2	5	6		7
5	9		5	4		5	9
6	6	8		5	3	3	
7	1	5	2		2	1	0

Römische Zahlen

Waagerecht:

A1	XI
D1	CDXXXVI
A2	MDXVI
F2	XCI
A3	CCLXIX
E3	CCCLXXIV
B4	MMMCXXVI
C5	XIII
F5	XXXIX
A6	XXII
D6	CCCLXXVIII
A7	CDXCI
E7	DCCLXXXV

Senkrecht:

A1	CXII
B1	MDLXIII
D1	XLVI
F1	DCXCVII
C2	MCMXI
G2	MCDXXIX
E3	XXXVI
D4	CCXXXIII
A5	CCCXXIV
F5	CCCLXXXVIII
B6	XXIX
E6	LXXVII

Lösung:

	A	B	C	D	E	F	G
1	1	1		4	3	6	
2	1	5	1	6		9	1
3	2	6	9		3	7	4
4		3	1	2	6		2
5	3		1	3		3	9
6	2	2		3	7	8	
7	4	9	1		7	8	5

Römische Zahlen

	A	B	C	D	E	F	G
1			▓				▓
2					▓		
3				▓	2	4	9
4	▓					▓	
5		▓					
6			▓				▓
7				▓			

Waagerecht:

A1	LXXXII
D1	DXLIV
A2	MMMDCXI
F2	LXI
A3	CDLXXXII
E3	CCXLIX
B4	MMDCCLXIV
C5	XVI
F5	LIII
A6	XII
D6	CXLII
A7	DXXXI
E7	CXXIX

Senkrecht:

A1	DCCCXXXIV
B1	MMDCLXXXII
D1	LI
F1	CDLXIV
C2	MCCLXXI
G2	MCMIII
E3	XXIV
D4	DCLXI
A5	CXV
F5	DXXII
B6	XXIII
E6	XLI

Lösung:

	A	B	C	D	E	F	G
1	8	2		5	4	4	
2	3	6	1	1		6	1
3	4	8	2		2	4	9
4		2	7	6	4		0
5	1		1	6		5	3
6	1	2		1	4	2	
7	5	3	1		1	2	9

Römische Zahlen

Waagerecht:

A1	LXIII
D1	DCCXCIX
A2	MMMCMXXVII
F2	LXXI
A3	DCCCLXXV
E3	DCXIX
B4	MMMCCLV
C5	XII
F5	XXXVII
A6	LXXXVII
D6	CMXXXIX
A7	CXXXVI
E7	CCCLXIII

Senkrecht:

A1	DCXXXVIII
B1	MMMCMLXXIII
D1	LXXVII
F1	CMLXXI
C2	MMDXXI
G2	MCMLXXVII
E3	LXV
D4	DXXIX
A5	CCCLXXXI
F5	CCCXCVI
B6	LXXIII
E6	XXXIII

Lösung:

	A	B	C	D	E	F	G
1	6	3		7	9	9	
2	3	9	2	7		7	1
3	8	7	5		6	1	9
4		3	2	5	5		7
5	3		1	2		3	7
6	8	7		9	3	9	
7	1	3	6		3	6	3

Römische Zahlen

Waagerecht:

A1	XIII
D1	CDXXVIII
A2	MDCCCXII
F2	LI
A3	CDXCV
E3	CMLVI
B4	MDCCXLV
C5	XLVII
F5	XXXVII
A6	XXIX
D6	CCCXXVII
A7	DLXI
E7	DXL

Senkrecht:

A1	CXIV
B1	MMMDCCCXCI
D1	XLII
F1	DCCCLV
C2	MDLXXIV
G2	MDCXLVII
E3	XCV
D4	CDLXXIII
A5	DCXXV
F5	CCCLXXIV
B6	XCVI
E6	XXV

Lösung:

	A	B	C	D	E	F	G
1	1	3		4	2	8	
2	1	8	1	2		5	1
3	4	9	5		9	5	6
4		1	7	4	5		4
5	6		4	7		3	7
6	2	9		3	2	7	
7	5	6	1		5	4	0

Römische Zahlen

Waagerecht:

A1	LXII
D1	DXCI
A2	MMMDCXXI
F2	LI
A3	CXCV
E3	CCCLIX
B4	MMDCLXII
C5	XLII
F5	XCIV
A6	XLVIII
D6	DCXVI
A7	CMXLIX
E7	CCXCVIII

Senkrecht:

A1	DCXXXI
B1	MMDCXCII
D1	LI
F1	CLV
C2	MMDLXIV
G2	MCMLXIV
E3	XXXII
D4	DCXXVI
A5	DCCCXLIX
F5	CMLXIX
B6	LXXXIV
E6	XII

Lösung:

	A	B	C	D	E	F	G
1	6	2		5	9	1	
2	3	6	2	1		5	1
3	1	9	5		3	5	9
4		2	6	6	2		6
5	8		4	2		9	4
6	4	8		6	1	6	
7	9	4	9		2	9	8